BEI GRIN MACHT SICH IHR WISSEN BEZAHLT

- Wir veröffentlichen Ihre Hausarbeit,
  Bachelor- und Masterarbeit

- Ihr eigenes eBook und Buch -
  weltweit in allen wichtigen Shops

- Verdienen Sie an jedem Verkauf

Jetzt bei www.GRIN.com hochladen
und kostenlos publizieren

Impressum:

Copyright © 2015 GRIN Verlag, Open Publishing GmbH
Druck und Bindung: Books on Demand GmbH, Norderstedt Germany
ISBN: 9783668239654

Tom Wagner

Touristenmagnet Berlin. Was suchen all die Leute in der Stadt?!

GRIN Verlag

SEMINARARBEIT

Rahmenthema des Wissenschaftspropädeutischen Seminars:

Die Stadtgeographie Berlins

Leitfach: Geographie

Thema der Arbeit:

Tourismusmagnet Berlin

Was suchen all die Leute in der Stadt?

Verfasser: Tom Wagner

Abgabetermin: 10.11.2015

1. Berlin ist eine Reise wert

Berlin ist ein beliebtes Reiseziel. Seit dem Mauerfall und der Wiedervereinigung Deutschlands zieht es immer mehr Touristen aus aller Welt in diese Stadt. Bereits im Jahre 1998 verzeichnete Berlin die meisten Übernachtungszahlen und somit die meisten Besucher von allen deutschen Städten (vgl. Abbildung 1). Dabei kommen nicht nur nationale Touristen zu Besuch. Auch international gesehen ist Berlin ein oft gewähltes Reiseziel. In nur 4 Jahren steigerte sich die Zahl der Übernachtungen von Ausländern um 28%.

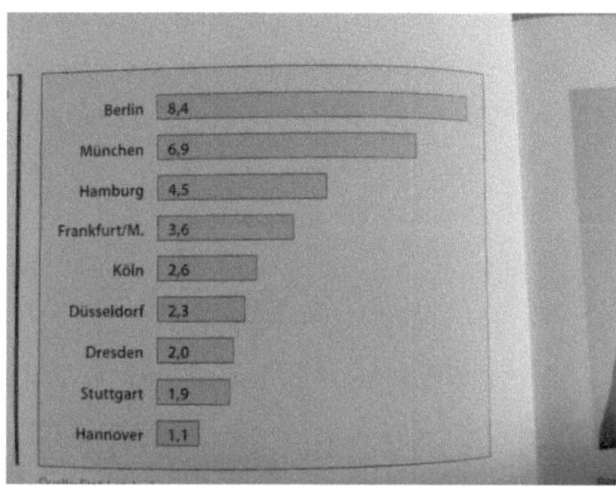

Abb. 1: Übernachtungszahlen der deutschen Großstädte in Millionen (1998).

Quelle: *Senatsverwaltung für Wirtschaft und Technologie* (Hg.). 2000: Tourismus im 21. Jahrhundert - Chancen für Berlin-Brandenburg. Berlin, S. 12.

Insgesamt besuchten im Jahre 1998 mehr als 68 Millionen Menschen Berlin privat und rund 8 Millionen Menschen geschäftlich. Dabei lagen die Besucherzahlen Berlins sogar über dem Bundesdurchschnitt[1].

Man erkennt also, dass Berlin ein attraktives und beliebtes Reiseziel ist. Doch was unterscheidet diese Stadt von anderen und warum kommen all diese Leute nach Berlin?

In der nachfolgenden Seminararbeit soll dieser Frage auf den Grund gegangen werden. Es wird notwendiges Hintergrundwissen erläutert und anhand einiger Beispiele auf die Attraktivität der Stadt Berlin eingegangen. Darunter versteht man die Anziehungskraft eines Reiseziels auf Touristen. Diese wird individuell unterschiedlich bewertet und hängt im Wesentlichen von den Erwartungen des Betrachters ab[2]. Schlussdendlich werden die Motive der Berlinreisenden anhand einer Umfrage und den daraus resultierenden Schlussfolgerungen gefunden und erklärt.

---

[1] *Senatsverwaltung für Wirtschaft und Technologie* (Hg.). 2000: Tourismus im 21. Jahrhundert - Chancen für Berlin-Brandenburg. Berlin, S. 10f.
[2] Internetdefinition: https://de.wikipedia.org/wiki/Attraktivit%C3%A4t.

2. Tourismus

Die WTO definiert den Begriff Tourismus als [„die Aktivitäten von Personen, die an Orte außerhalb ihrer gewohnten Umgebung reisen und sich dort zu Freizeit-, Geschäfts- oder bestimmten anderen Zwecken nicht länger als ein Jahr ohne Unterbrechung aufhalten"[3]. Man erkennt daran, dass der Begriff Tourismus viele Unterkategorien umfasst. Neben Urlaubs- und Erholungsreisen gehören auch Geschäfts- und Dienstreisen zum Begriff Tourismus. Des Weiteren gibt es keine festgelegte Mindestaufenthaltsdauer, sodass man Tagesausflüge auch als touristische Aktivität zählen kann.

3. Städtetourismus

Der Städtetourismus umfasst alle Aktivitäten von Personen in fremden Städten. Dazu zählt der durch Kultur geprägte Tagesausflug, der Besuch bei Verwandten, aber auch der beispielsweise geschäftlich bedingte Besuch einer Messe.

Es wird offensichtlich, dass auch der Städtetourismus nicht exakt definiert ist und sich in verschiedene Kategorien einteilen lässt.

Die Zeitschrift „Leser" (1997) definiert den Begriff wie folgt[4]:

> „ Städtetourismus ist eine Reise in eine historisch oder kunstgeschichtlich bedeutsame oder durch ihre natürliche Lage, ihre Einkaufsmöglichkeiten oder ihr Freizeitangebot attraktive Stadt [...]. Städtetourismus wird als Individual- oder Gesellschaftsreise durchgeführt und findet häufig an Wochenenden statt. Städtereisen sind typische Kurzreisen mit einer Aufenthaltsdauer von zwei bis vier Tagen. Eine geringe saisonale Ausprägung im Wochen- und Jahresverlauf sowie ein hoher Ausländeranteil sind kennzeichnend."

Erwähnenswert ist auch, dass dem Städtetourismus eine zunehmend bedeutender werdende Rolle zugeschrieben werden kann. Weshalb dafür ein touristischer Wandel verantwortlich ist, soll im nächsten Kapitel gezeigt werden.

4. Tourismustrends im 21. Jahrhundert

Nachfolgender Inhalt nimmt Bezug auf: *Senatsverwaltung für Wirtschaft und Technologie* (Hg.). 2000: Tourismus im 21. Jahrhundert - Chancen für Berlin-Brandenburg. Berlin, S. 18 – 27.

---

[3] aus BOTHE, Franziska. 2010: Besonderheiten und Entwicklung des Städtetourismus am Fallbeispiel Berlin. München: GRIN Verlag GmbH, S. 2.

[4] aus BOTHE, Franziska. 2010: Besonderheiten und Entwicklung des Städtetourismus am Fallbeispiel Berlin. München: GRIN Verlag GmbH, S. 2.

Trotz der Problematik, dass aufgrund der politischen Situation in vielen Touristengebieten wenig Sicherheit herrscht, ist kein Rückgang des Reiseaufkommens zu spüren. Stattdessen wachsen die Zahlen der Touristen stetig an. Einer Studie der „World Tourism Organization" zufolge sollen die Besucherzahlen der internationalen Touristen von 635 Millionen im Jahre 1998 auf 1,6 Milliarden im Jahre 2020 ansteigen[5]. Man kann also sagen: der Tourismus „boomt" wie nie zuvor. Dieser Boom bezieht sich nicht nur auf den Städtetourismus, sondern kann als allgemeine Entwicklung des Reiseverhaltens betrachtet werden.

Verbunden mit diesem Anstieg ist ein starker Strukturwandel, der sich in jüngster Zeit entwickelte und der den Tourismusmarkt und die Reiseziele in Zukunft jedoch stark verändern wird. Dieser Wandel resultiert aus einem grundsätzlichen Wertewandel der Gesellschaft in Deutschland. Während der Mensch früher eher Pflichtbewusstsein und Akzeptanzwerte als Ideale der Gesellschaft angesehen hatte, stehen heute Dinge wie Selbstentfaltung, Engagement und Individualismus im Vordergrund. Diese Haltung führt dazu, dass Touristen extrem hohe Anforderungen an Reiseveranstalter stellen, im Gegensatz dazu allerdings sehr preisbewusst sind. Ein weiterer Grund für dieses Anspruchsdenken sind auch die vielen Vergleichsmöglichkeiten. Viele Urlauber waren schon international auf Reisen und haben damit die Möglichkeit, Preise und bestehende Infrastruktur, aber auch Hotelausstattungen rund um den Globus miteinander zu vergleichen. Dabei ist zu beachten, dass man ein gepflegtes Fünf – Sterne – Hotel an der Ostseeküste mit attraktiven Freizeitangeboten nicht in die gleiche Preiskategorie wie ein Zwei – Sterne – Hotel in der Mitte Asiens einstufen kann. Viele Reisende beachten diese Unterschiede nicht.

Damit die Reiseveranstalter dennoch Gewinne erzielen, werben sie mit Frühbucher- und Lastminuteangeboten. Des Weiteren bilden sich immer häufiger Kooperationen, sodass große Marken und Reisekonzerne entstehen, die sich flexibel an die Wünsche des Kunden anpassen können. Das Resultat ist ein Überangebot an touristischen Regionen und Zielen, was den Trend begünstigt. Daraus ergibt sich auch die Notwendigkeit einer stärkeren Selektion.

Der gesellschaftliche Wandel führt zu einer weiteren Veränderung. Der Mensch möchte etwas erleben, um seinem Urlaub den persönlichen „touch" zu geben. Es ist inzwischen nicht mehr üblich, wegen nur eines Hauptmotivs, wie beispielsweise Erholung oder

---

[5] *Senatsverwaltung für Wirtschaft und Technologie* (Hg.). 2000: Tourismus im 21. Jahrhundert - Chancen für Berlin-Brandenburg. Berlin, S. 18.

Wandern, auf Reisen zu gehen. Vielmehr besteht der Wunsch so viel wie möglich zu erleben und zu unternehmen. Dadurch ist es naheliegend, dass einzelne Teilmärkte innerhalb der Tourismusbranche stark profitieren, während andere eher verlieren. Traditionelle Ziele, wie das Mittelgebirge, verlieren beispielsweise an Bedeutung, während Fern- und Städtereisen zunehmend beliebter werden. Diese Entwicklung beweist eine Statistik aus dem Jahre 1998. Der gesamte touristische Markt wuchs um 2,6% an, Großstädte verzeichneten sogar ein Wachstum von 4,4% jährlich[6].

Durch die vorhandene Urbanität und die städtische Vielfalt bieten Städte Abwechslung, Erlebnisse und Individualismus für relativ wenig Geld. Sie treffen daher den Geschmack der Touristen des 21. Jahrhunderts, weshalb man sie auch als Gewinner des touristischen Strukturwandels ansehen kann.

Die besondere Rolle zeigt sich folglich darin, dass der Städtetourismus von der geänderten Einstellung der Reisenden stark profitiert.

Neben dieser Veränderung gibt es zahlreiche weitere Gründe für die Attraktivität eines Reiseziels. Im Folgenden soll genau dieser Frage nachgegangen werden und speziell am Fallbeispiel Berlin erläutert werden.

5. Berlin – eine der attraktivsten Städte Deutschlands
5.1 Berlin als Universalziel

Grundsätzlich gilt: Je mehr verschiedene Tourismusarten ein Reiseziel aufweist, desto mehr Abwechslung bietet es und desto beliebter und attraktiver ist es für Reisende. Städte, also auch Berlin, sind dabei führend. So kann man im Berliner Umland wunderbar an Seen baden und spazieren gehen, findet also eine Form des Erholungstourismus vor und das auch noch in unmittelbarer Nähe zur Stadt. Auch Kulturinteressierte werden in Berlin glücklich, denn historische Denkmäler, Architektur, sowie die einzigartige Geschichte, bieten einiges, um sich zu informieren. Dabei kann man auch viel Neues aus Politik und Politikgeschichte erfahren. Des Weiteren hat Berlin den Hauptstadtstatus und ist das Zentrum deutscher Politik. Politikorientierter Tourismus ist also auch vollständig abgedeckt. Oft findet man in Städten auch den sogenannten Gesellschaftstourismus. Hierzu zählen Verwandtenbesuche, aber auch gemeinsame Abende mit Freunden (Lifestyle) gehören in diese Kategorie. Jeder, der schon einmal in Berlin ge-

---

[6] *Senatsverwaltung für Wirtschaft und Technologie* (Hg.). 2000: Tourismus im 21. Jahrhundert - Chancen für Berlin-Brandenburg. Berlin, S. 20.

wesen ist, kann bestätigen, dass es dort unzählige Bars und Clubs gibt, um die Nacht zum Tag zu machen. Dabei wird allerdings nicht nur die junge Generation berücksichtigt. Es finden sich ebenfalls zahlreiche Ausgehmöglichkeiten und Restaurants, die genauso für Erwachsene als anziehend bezeichnet werden können. Neben den genannten Fakten gilt Berlin weltweit als wichtige Sportmetropole. Organisierte Sportveranstaltungen, wie der „Berliner Silvesterlauf" oder das „Berliner Wassersportfest"[7], ziehen regelmäßig sportbegeisterte Menschen an. Man kann also nachvollziehen, dass auch Sporttouristen gerne nach Berlin fahren. Zuletzt ist noch der wirtschaftsorientierte Tourismus als wichtige Form zu nennen. Hierbei handelt es sich um Reisende, die geschäftlich unterwegs sind. Berlin ist auch hier führend, da wichtige Firmen, wie „Vattenfall" oder „Deutsche Bahn"[8], in Berlin ansässig sind. Nicht zu vergessen sind auch die regelmäßigen Treffen der deutschen Bundesregierung.

Man kann also erkennen, dass sich in Berlin alle nennenswerten Tourismusformen wiederfinden lassen. Diese sind sogar so eng verzahnt, dass ein Reisender während seines Berlinaufenthalts, ohne es zu bemerken, verschieden Tourismusarten erleben kann. Sicher lassen sich die genannten Fakten auch auf andere Städte weltweit übertragen. Einen großen Unterschied gibt es allerdings noch. Berlin steht im Gegensatz zu anderen Städten nie still. Es befindet sich stattdessen ständig im Wandel, weshalb es sich mit offen, dynamisch und veränderlich charakterisieren lässt. Die deutsche Hauptstadt kann somit als Universalziel bezeichnet werden.

5.2 Berlins Erlebnis- und Konsumwelten

Verantwortlich für die Beliebtheit Berlins sind neben den oben genannten Gründen sogenannte Erlebnis- und Konsumwelten. Dies sind keine Sportplätze, Konzerthallen oder Einkaufszentren, wie man im ersten Moment vermuten könnte. Es handelt sich dabei um Schnittstellen zwischen Freizeit, Unterhaltung, Kultur, Konsum, Sport und Tourismus. Ein Beispiel hierfür ist der Potsdamer Platz in Berlin. Hier trifft moderne Architektur auf geschichtsträchtigen Hintergrund.

Das bekannt „Sony Center" bietet zudem ein Maximum an Entertainment. Angefangen vom Kino und mehreren Geschäften, bis hin zum Luxusrestaurant ist dort alles zu fin-

---

[7] Internetinformationen: https://www.berlin.de/special/sport-und-fitness/events/.
[8] Internetinformationen: http://www.stellensuche-berlin.de/top50-berliner-unternehmen.html.

Abb. 2: Das berühmte „Sony Center" am Potsdamer Platz in Berlin.

Quelle: Ardiles-Arce, Jaime von (o. J.): Online: upload.wikimedia.org/ wikipedia/commons/5/54/ Berlin-Sony_Center-1.jpg

den.[9] Der Konsument (Tourist) kann also seine Vorstellungen nach Erlebnissen nach verwirklichen, ohne dafür große Strecken zurücklegen zu müssen.

Dass dies bei den Touristen ankommt, beweisen hohe Besucherzahlen und überwiegend positive Bewertungen. Zwischen 19% und 41% der Bevölkerung Deutschlands haben solche Einrichtungen in den letzten Jahren besucht.[10]

5.3 Berlins Flexibilität

Damit ein Reiseziel international beliebt ist, muss eine Anpassungsfähigkeit der Region an Wünsche von internationalen Kunden gegeben sein. Jedes Land hat eine eigene Kultur und damit auch unterschiedliche Interessen und Erwartungshaltungen an eine Städtereise. In Japan spielen beispielsweise kulturelle Aspekte eine sehr große Rolle, wohingegen es den Amerikanern eher darum geht, bestimmte Klischees zu beobachten. Die Italiener möchten das deutsche Nachtleben und den „Flair" deutscher Städte kennenlernen.

Berlin, als Hauptstadt, kann sich perfekt an unterschiedliche Interessen anpassen. Hauptverantwortlich dafür ist die Vielseitigkeit der Stadt. Reisende können die deutsche Geschichte und Kultur entdecken, dabei gleichzeitig unterschiedliche Baustile bestaunen und sich am Abend hervorragend in einem der zahlreichen Lokals amüsieren. Reisende die Erholung suchen, können aber auch durch einen der Stadtparks schlendern, das Berliner Umland genießen oder den Berliner Zoo besichtigen. Die Angeführten Bei-

---

[9] Internetinformation: http://www.sonycenter.de/.
[10] *Senatsverwaltung für Wirtschaft und Technologie* (Hg.). 2000: Tourismus im 21. Jahrhundert - Chancen für Berlin-Brandenburg. Berlin, S. 26.

spiele machen deutlich, dass Berlin sehr flexibel ist. Hat man zu viel vom Stadttrubel kann man bequem ins Umland abwandern und an den Seepromenaden flanieren.

Ein weiterer Punkt ist der Multikulturalismus der Stadt. Die unterschiedlichen Einwohner sorgen für ein internationales Flair, sodass sich Reisende aus anderen Ländern häufig gut mit der Stadt identifizieren können.

Berlin ist also aufgrund seiner Offenheit und seiner Flexibilität auch für Ausländer ein attraktives Reiseziel.

6. Reisegründe und Motive der Berlinreisenden

Nachdem die Gründe für die Attraktivität der Stadt Berlin ausführlich erläutert worden sind, soll sich der nächste Teil der Arbeit auf die Motive der Berlintouristen konzentrieren. Hierbei soll die Frage „Warum kommt eigentlich jemand nach Berlin?" im Mittelpunkt stehen.

Nach einem Zitat von Hans Peter Nerger ist die Antwort einfach: „Er will hier etwas erleben, was er zu Hause vor seinem Reihenhaus nie erleben möchte. Denn dann würde er sofort die Polizei rufen."[11]

Doch so einfach kann die Antwort nicht sein. Um ein konkreteres Ergebnis zu erhalten, habe ich im Juli 2015 Touristen in Berlin befragt. Diese Eigenrecherche bezieht sich auf die Struktur, also das Alter und die Herkunft der Reisenden, sowie konkrete Motive. Dabei ist die Auswertung unterteilt. Zuerst sollen Motive nach Herkunft und anschließend nach Altersgruppen erläutert werden. Am Ende erhält man somit ein strukturiertes Ergebnis.

Der dafür verwendete Fragebogen ist im Anhang beigelegt.

Die folgenden Ergebnisse und Schlussfolgerungen gehen von 115 Gesamtbefragten aus und sind durch eigene Überlegungen entstanden.

6.1 Befragung nach dem Reisegrund

Um eine erste Einschätzung des Reiseverhaltens von Berlin Touristen zu bekommen, soll zuerst der Reisegrund untersucht werden. Es soll gezeigt werden, ob die Berlin-

---

[11] *Senatsverwaltung für Wirtschaft und Technologie* (Hg.). 2000: Tourismus im 21. Jahrhundert - Chancen für Berlin-Brandenburg. Berlin, S. 47.

Reise Pflicht, also geschäftlich bedingt ist oder ob sie der Erholung dient, also als Urlaubsreise fungiert. Im Fragebogen konnte man neben Urlaubsreise oder Geschäftsreise noch familiäre Gründe ankreuzen. Darunter fallen Verwandtenbesuche oder Aufenthalte bei Familienmitgliedern, die in Berlin ihren festen Wohnsitz haben.

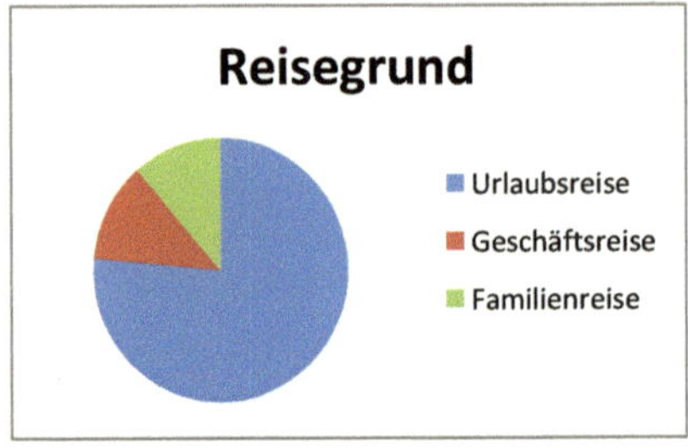

Abb. 3: gezeigt wird der Reisegrund;
Blau = 76,52%; Rot = 12,17%; Grün = 11,30%

Quelle: eigene Darstellung des Autors aus Ergebnissen der Berlin-Umfrage

Betrachtet man die Ergebnisse, so fällt auf, dass nur 12,17%, das entspricht einem Anteil von 14 Personen, geschäftlich bedingt in Berlin sind. In der Stadt sind zwar einige große Firmen, wie die „Deutsche Bahn", „Vattenfall" oder auch der „Axel Springer Verlag", ansässig, dennoch sind die meisten Berlin-Touristen keine Geschäftsreisenden.

Nur 13 Personen gaben familiäre Gründe als Reiseanlass an. Dies entspricht einem Anteil von 11,30%. Die Familie fungiert also auch nicht als Hauptreiseanlass.

Letztlich bleibt nur die Urlaubsreise übrig. 76,52% der Befragten Personen, also 88 Touristen, sind aus privatem Interesse in der Stadt Berlin. Da die Urlaubsgäste mit Abstand den größten Anteil der Reisenden in Berlin darstellen, werden im Folgenden deren Motive und Ziele näher erläutert.

6.2 Befragung von Reisenden unterschiedlicher Herkunftsländer

6.2.1 Internationale Gäste

Zuerst wurden die Personen nach ihrer Herkunft befragt und entsprechend sortiert. So befragte ich 65 Reisende deutscher Herkunft, was einen Anteil von 56,52% der Gesamtbefragten ausmacht, und 50 internationale Gäste, welche einem Anteil von 43,48% entsprechen.

Nachfolgender Absatz soll zunächst nur Reisende aus anderen Ländern berücksichtigen. Interessant ist, dass die Flexibilität Berlins tatsächlich gegeben ist, denn im Gegensatz zu anderen deutschen Städten reisen deutlich mehr Ausländer nach Berlin. Doch was bringt internationale Gäste dazu, nach Berlin zu fahren? Verfolgen sie dieselben Ziele wie deutsche Touristen? Um das herauszufinden diente die Frage Nummer drei. Hierbei konnten die Befragten zwischen vier Antwortmöglichkeiten wählen (Kultur, Geschichte, Politik, Lifestyle). Man könnte meinen, dass sich ausländische Gäste kaum für die Geschichte und die Politik Berlins interessieren würden, dafür vielmehr den deutschen Standard und den Lifestyle genießen wollen. Doch die Auswertung dieser Frage zeigte das komplette Gegenteil. Ganze 55% reisen nach Berlin, um die deutsche Geschichte zu entdecken. Jeweils 15% interessieren sich für den Lifestyle und die deutsche Kultur. Die restlichen 5% geben Politik als Grund ihrer Reise an.

Ein Amerikaner antwortete auf die Frage, was er an Berlin besonders attraktiv findet, mit einem Zitat, welches für viele internationale Berlinbesucher zutreffen könnte: „Well, actually Berlin is not the most colorfoul city, but it´s the most interesting."[12]

Dieses Zitat zeigt eine Eigenschaft Berlins, die wir als deutsche Bundesbürger häufig vergessen. Es macht deutlich, dass Berlin, als Stadt gesehen, eigentlich nicht attraktiver und anziehender ist als München, London oder New York, denn auch diese Städte sind interessant und attraktiv. Doch betrachtet man die Geschichte von Berlin, so wird klar, dass diese Stadt einmalig ist. Schließlich kann keine andere Stadt auf der Welt von sich behaupten, einmal geteilt gewesen zu sein.

Genau diese Tatsache und die unglaubliche Entwicklung, wie zwei völlig unterschiedliche Hälften vereint wurden und sich heute nur noch durch ein Ampelmännchen unterscheiden, macht Berlin für viele Ausländer interessant und bewegt sie zu einer Städtereise.

6.2.2 Deutsche Touristen

Betrachtet man die Interessen der national Reisenden, also deutsche Personen, die eine Städtereise nach Berlin unternehmen, so fällt auf, dass diese sich kaum unterscheiden von denen der ausländischen Gäste unterscheiden. 54% machen diesen Städtetrip wegen der Geschichte und der Kultur, 36% möchten einfach nur den typischen Berliner Flair und den Lifestyle genießen und 10% interessieren sich für die politischen Organe und die Gesetzgebung ihres eigenen Landes. Es ist zu erkennen, dass sich die Ergebnisse weitgehend decken. Dass selbst die Deutschen wenig Wert auf „Politik" legen kann daran begründet werden, dass man in Berlin zwar die politischen Organe anschauen kann, viele diese aber unter dem Punkt „Geschichte" mit einschließen.

---

[12] zitierte Antwort aus der Berlin – Umfrage.

Die Antworten auf die Frage, was Berlin attraktiv macht, waren sehr vielseitig. Dies lag zum einen an der offenen Fragestellung[13], zum anderen daran, dass viele zwar „Geschichte" als Reisegrund angaben, dann aber beispielsweise „Berliner Umland" als Faktor für die Attraktivität Berlins nannten. Deshalb ist es hier leider nicht möglich, eine Verbindung zwischen Reisegrund und Attraktivität der Stadt herzustellen. Es bildeten sich jedoch einige Hauptpunkte, die, nach Ansicht der deutschen Touristen, anziehend wirken. Dazu gehören das „Brandenburger Tor", der" Hauptstadtstatus", die kulturelle Vielfalt und die Auswahl an Kulturgütern", sowie die zahlreichen „Shoppingmöglichkeiten"[14] der Stadt. Ein ausschlaggebendes Zitat, wie das des Amerikaners, ergab sich nicht, jedoch ist die Antwort eines Rentners interessant: „Ach, eigentlich ist Berlin gar nicht so schön. Ich bin bloß hier um sagen zu können: Ich war in der deutschen Hauptstadt."[15]

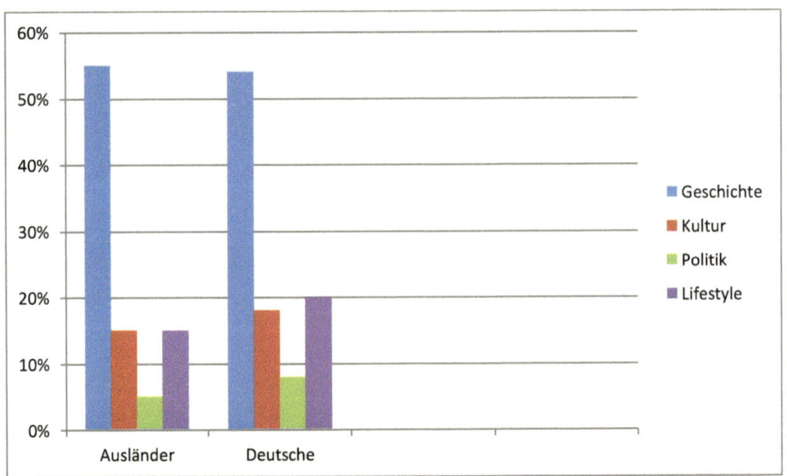

Abb. 4: Das Diagramm fasst die Interessen der Ausländer und der Deutschen zusammen und zeigt die Bedeutung der Motive deutlich. Die einzelnen Kategorien ergeben jeweils 100%.

Quelle: eigene Darstellung des Autors anhand der Ergebnisse der Berlin-Umfrage.

---

[13] Der Befragte hatte keine Auswahlmöglichkeit bei den Antworten, er musste selbst darüber nachdenken.
[14] Zitierte Antworten aus der Berlin – Umfrage.
[15] zitierte Antwort aus der Berlin – Umfrage.

6.3 Befragung von Reisenden unterschiedlicher Altersgruppen

Neben der Untergliederung nach Herkunft, wird eine Einteilung nach Alter vorgenommen. Interessant sind dabei die Altersabstufungen „unter 25"[16], „über 25" und „über 50".

Das Ergebnis zeigt, dass in Berlin wirklich alle Altersgruppen vertreten sind. 33,04% aller Befragten waren unter 25, jeweils 32,17% der Befragten über 25 und 50. Drei Personen, das entspricht in etwa 3%, waren genau 25 Jahre alt. Man findet also nicht nur alle Altersstufen in Berlin, es sind alle sogar gleichermaßen vertreten. Das wiederrum zeigt, dass die Stadt Berlin alle Menschen anspricht, egal ob jung oder alt. Welche Reize das genau sind und welche Ziele die unterschiedlichen Altersgruppen dabei haben, wird im Folgenden erläutert.

6.3.1 Touristen unter 25 Jahren

In dieser Kategorie konnten insgesamt 37 Touristen befragt werden. Reisende dieser Altersstufe können noch an Jugendreisen teilnehmen. Denkt man an solch eine Reise, so kommt den meisten Menschen sofort der Gedanke an Alkohol, Party und Shopping. Deshalb ist es auch nicht verwunderlich, dass 40,5% der Befragten „Lifestyle" als Reisegrund angaben. Die anderen Kategorien (Geschichte, Politik, Kultur) kamen dabei deutlich schlechter weg und scheinen nicht die Hauptanziehungspunkte für junge Leute zu sein (vgl. Abbildung 5).

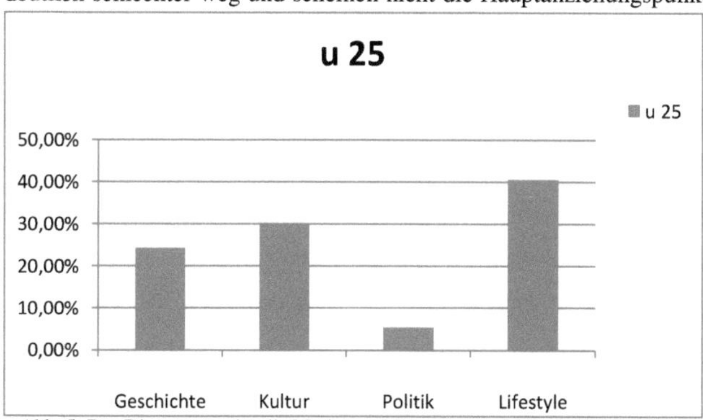

Abb. 5: Das Diagramm zeigt die Motive und Interessensgebiete der Städtereisenden im Alter zwischen 0 und 25 Jahren.

Quelle: eigene Darstellung des Autors aus den Ergebnissen der Berlin-Umfrage.

---

[16] Reisende unter 25 stuft man als Teilnehmer von Jugendreisen ein.

Geht man also nun der Frage nach, was junge Touristen am Berliner Lifestyle so schätzen, fällt einem zuerst das rege Nachtleben ins Auge. Berlin wird auch als die Stadt für Ausgehwütige beschreiben. Neben gemütlichen Kneipen oder Biergärten findet man über 250 Bars und Clubs, sowie 80 Konzertlocations (2010)[17]. Den Jugendlichen wird also eine breite Auswahl geboten. Alle Nachtclubs haben außerdem durchgehend geöffnet und präsentieren Nacht für Nacht die unterschiedlichsten Musikrichtungen und Stile. Dabei wird man auch auf sehr unterschiedliche Personengruppen treffen, denn Berlin ist auch dafür bekannt dem Individualismus des Einzelnen, sowie gesellschaftlichen Randgruppen freien Lauf zu lassen. Man trifft deshalb in Clubs und Bars häufig auf ein multikulturelles Publikum.

Wer Beschäftigungen bei Tageslicht vorzieht, aber trotzdem den Berliner Lifestyle nicht missen möchte findet unzählige Shoppingmöglichkeiten, um sich die Zeit zu vertreiben. Diese sind keinesfalls nur für Menschen mit großem Geldbeutel gedacht sondern zielen vielmehr darauf ab, dem Durchschnittstouristen neue Kleidung bezahlbar anzubieten. Berlin wird aufgrund dessen auch als „Hauptstadt der Einkaufscenter und Einkaufsstraßen"[18] bezeichnet. Es wird also offensichtlich, dass die deutsche Hauptstadt das „Lifestyleinteresse" junger Reisender erfüllt und hauptsächlich in den oben genannten Aspekten punkten kann. Erwähnenswert ist auch, dass man im Vergleich zu anderen deutschen Großstädten relativ wenig Geld benötigt, um viel erleben zu können. Berlin ist somit auch finanziell für junge Touristen bestens geeignet.

6.3.2 Touristen über 25 Jahren

Diese Kategorie wird durch junge Familien oder Paare gekennzeichnet. Insgesamt wurden dabei 38 Personen befragt. Auffällig ist, dass hier ganz andere Motive für eine Berlinreise vorliegen, als bei der vorhergehenden Stufe. Im Gegensatz zum Lifestyle (13,2%) steht hier das kulturelle Interesse und die Vielfalt der Kulturgüter im Vordergrund. 42,1% der Befragten gaben dies als Grund ihrer Reise an, gefolgt von Geschichte mit 34,2% und Politik mit 10,5%. Anschaulich lässt sich das Ergebnis wie folgt darstellen:

---

[17] aus BOTHE, Franziska. 2010: Besonderheiten und Entwicklung des Städtetourismus am Fallbeispiel Berlin. München: GRIN Verlag GmbH, S. 7.
[18] aus BOTHE, Franziska. 2010: Besonderheiten und Entwicklung des Städtetourismus am Fallbeispiel Berlin. München: GRIN Verlag GmbH, S. 5.

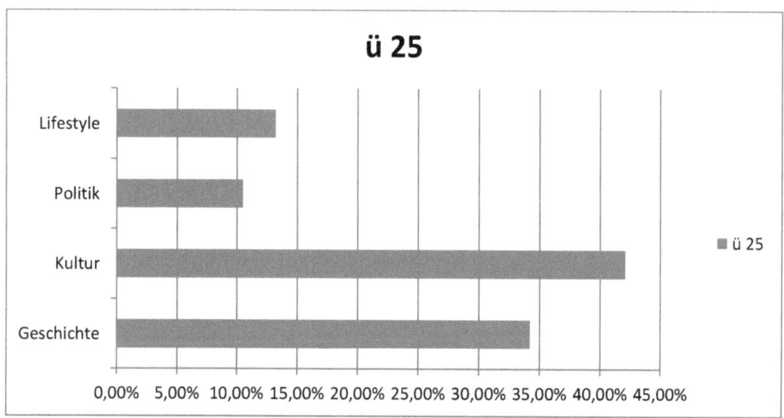

Abb. 6: Das Diagramm zeigt die Motive und Interessensgebiete der Städtereisenden im Alter von 25 bis 50.

Quelle: eigen Darstellung des Autors aus den Ergebnissen der Berlin-Umfrage.

Im Bereich Kultur ist die Berliner Museumsinsel besonders beliebt. Mit ihrer Vielzahl an unterschiedlichen Ausstellungen lockt sie jedes Jahr viele Besucher an. Reisende finden dort die archäologischen Sammlungen und die Kunst des 19. Jahrhunderts, sowie die Geschichte und die Kunst der Stadt Berlin.[19] Neben der Kultur, der Geschichte und der Politik sind für „Touristen über 25" kinder- und familienfreundliche Angebote besonders interessant. Kinder finden in der Stadt beispielsweise zahlreiche Sehenswürdigkeiten und Gebäude, die sie aus dem Fernsehen kennen. Dazu zählen sowohl der Bundestag und weitere Regierungsgebäude, als auch das Brandenburger Tor. Ein 10 – jähriges Mädchen aus Bonn antwortete auf die Frage, was Berlin einmalig macht mit der Aussage, dass in der Stadt viele Filme gedreht wurden und sie die Kulissen real sehen kann und auch wiedererkennt. Ihre Mutter fügte hinzu, dass sie an der Stadt besonders die familienfreundlichen Preise in den Restaurants schätzt, sodass es einer 4-köpfigen Familie preislich machbar ist, gut essen zu gehen. In der Tat bietet Berlin in gastronomischer Hinsicht reichlich Abwechslung und Originalität. Vom einfachen Imbissstand mit lokalen Spezialitäten, wie der Currywurst, bis hin zu feinen Restaurants mit internationalen Speiseangeboten ist hier alles zu finden. So bekommt man eine Currywurst mit Brötchen bei „Konnopke´s Imbiß" schon für 2,20€, kann allerdings auch bei einem

---

[19] aus BOTHE, Franziska. 2010: Besonderheiten und Entwicklung des Städtetourismus am Fallbeispiel Berlin. München: GRIN Verlag GmbH, S. 8.

Dinnerkrimi oder dem Besuch eines Theaterrestaurants[20]deutlich mehr Geld für das Essen ausgeben.

Das kulturell-geschichtliche Interesse kann also in Berlin sehr gut mit einem finanzierbaren Familienurlaub verbunden werden. Die Vielzahl an Kulturgütern lässt dabei keine Langweile aufkommen. Gleichzeitig sorgen familiengerechte Preise und gastronomische Originalität für gute Laune und Erholung. Die Stadt Berlin bietet also einige Anreize und Motive für eine Städtereise und das nicht nur für Singles.

6.3.3 Touristen über 50 Jahren

Hierunter fallen teilweise immer noch Familien und Paare, jedoch habe ich bei der Umfrage überwiegend Rentnerpaare befragt. Insgesamt wurden 37 Personen befragt. So lässt sich ein Kontrast zwischen Jugend, Familien und Rentnern aufbauen und es lassen sich später strukturiert die unterschiedlichen Motive für eine Berlinreise zusammenfassen.

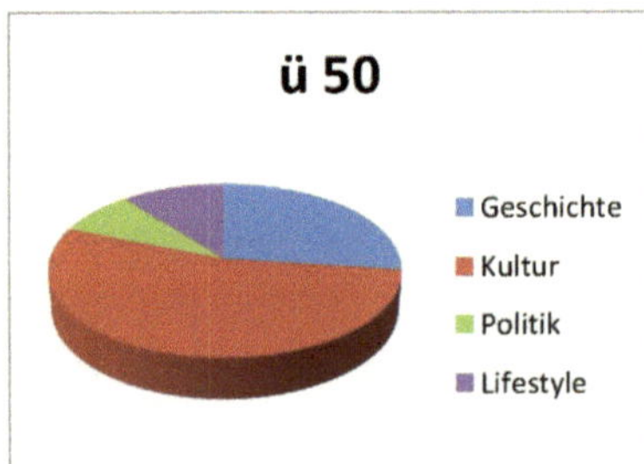

Abb. 7: Das Diagramm zeigt die Motive der über 50-jährigen. Blau = 27,0%; Rot = 54,0%; Grün = 8,1%; Lila = 10,8%.

Quelle: eigen Darstellung des Autors anhand der Auswertung der Berlin-Umfrage.

Als Hauptmotive fungieren hier die Kultur und die Geschichte der Stadt Berlin. 54,0% sind an den zahlreichen Kulturgütern interessiert und 27,0% ausschließlich an geschichtlichen Daten und den daraus resultierenden Denkmälern, sowie der Architektur der Stadt. Politische Einrichtungen und der Lifestyle spielen für 19% eine Rolle.

Zu dem Bereich Kunst zählt, wie oben bereits angesprochen, zum einen die Museumsinsel, die eine anziehende Wirkung auf Touristen hat. Darunter fallen aber auch Institutionen der Kulturszene. So zählt Berlin mehr als 100 Theater und Bühnen, rund 175 Museen und 3 Opernhäuser[21]. Tagtäglich wird ein buntes Kulturprogramm geboten, dass von klassischer Musik über Popmusik

---

[20] aus BOTHE, Franziska. 2010: Besonderheiten und Entwicklung des Städtetourismus am Fallbeispiel Berlin. München: GRIN Verlag GmbH, S. 7.
[21] aus BOTHE, Franziska. 2010: Besonderheiten und Entwicklung des Städtetourismus am Fallbeispiel Berlin. München: GRIN Verlag GmbH, S. 8.

bis hin zu Kunstausstellungen und Lesungen reicht. Berlin ist somit die größte Theater- und Orchesterstadt Deutschlands.

Auch geschichtlich betrachtet werden die Motive voll und ganz erfüllt. Es gibt zahlreiche historische Baudenkmäler und Sehenswürdigkeiten. Besonders bekannt sind unter Anderem der Bundestag, das Brandenburger Tor, das Holocaust-Denkmal, die Kaiser-Wilhelm-Gedächtniskirche, der Check-Point-Charlie. Die zahlreichen Museen liefern dafür nötiges Hintergrundwissen und wichtige geschichtliche Ereignisse, sodass man anschließend die Schauplätze der deutschen Geschichte direkt real bestaunen kann.

Auch reizt Berlin mit seiner unterschiedlichen Architektur. Moderne Gebäude, wie das „Sony Center" am Potsdamer Platz, wechseln sich mit der Architektur der ehemaligen DDR ab. Beispiele dafür wären die Karl-Marx-Allee oder die Prachtstraße „Unter den Linden." Ausschlaggebend für den Kontrast der Architektur zwischen der Ost- und der Westseite ist auch der Kurfürstendamm im Vergleich zum Stadtteil Berlin-Marzahn.

Man erkennt hieran, dass Berlin im Bereich der Kultur und der Geschichte wirklich einiges zu bieten hat, sodass die Wünsche und Ziele der über 50 – Generation voll und ganz erfüllt werden. Auch für diese Altersklasse ist eine Berlinreise absolut lohnenswert.

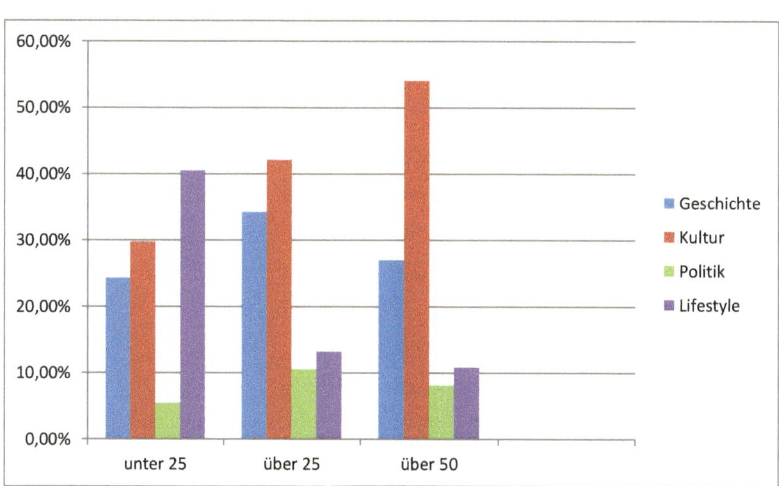

Abb. 8: Das Diagramm stellt die Motive der unterschiedlichen Altersgruppen dar. Das Interesse an der Kultur nimmt mit höherem Alter zu, dagegen der Lifestyle ab.

Quelle: eigene Darstellung vom Autor anhand der Ergebnisse der Umfrage.

7. Zusammenfassung und Erkenntnisse

Berlin ist ein Tourismusmagnet, doch warum? Was suchen all die Leute in der Stadt? Die Frage des Titels soll nun in diesem Abschnitt unter Beachtung aller Ergebnisse kurz zusammengefasst werden.

Zum Ersten lässt sich sagen, dass der Städtetourismus und somit auch der Berlintourismus von grundsätzlichen Veränderungen profitieren. Maßgebend verantwortlich sind dafür der strukturelle Wandel und das Tourismusverhalten des 21. Jahrhunderts.

Des Weiteren ist die deutsche Hauptstadt als Universalziel bekannt. Das heißt, dass viele unterschiedliche Tourismusarten dafür sorgen, dass die Interessen vieler verschiedener Menschen angesprochen werden. Außerdem zeigt sich Berlin flexibel. Durch Erlebnis- und Konsumwelten, wie dem Potsdamer Platz, ist es der Stadt möglich, sich verschiedenen Ansprüchen anzupassen und somit die unterschiedlichen Interessen internationaler Touristen zu befriedigen. Berlin ist also eine wandelbare Stadt, die für viele Menschen attraktiv ist.

Damit ist die Frage nach den Reisemotiven jedoch noch nicht geklärt. Fasst man allerdings die Ergebnisse der Umfrage zusammen, so unterscheiden sich die Reisemotive grundsätzlich nach Herkunft und Alter. Internationale Touristen interessieren sich vor allem für die deutsche Geschichte und die Kultur. Davon hat Berlin viel zu bieten. Keine andere Stadt der Welt war einmal geteilt und keine andere Stadt der Welt hat eine so drastische Entwicklung erfahren. Interessant ist, dass nationale Touristen aus denselben Gründen nach Berlin kommen.

Stuft man die Berlin-Reisenden nach ihrem Alter ab, so fallen drei Kategorien auf (unter 25, über 25, über 50). Hier unterscheiden sich die Motive jedoch nur zwischen unter 25 Jahren und älter. Für junge Leute und Jugendliche steht der Berliner Lifestyle im Vordergrund, wohingegen die mittlere und die ältere Generation annährend gleiches Interesse an Kultur und Geschichte der Stadt zeigen (vgl. Abbildung 8). Für die über 25- jährigen ist die Familienfreundlichkeit von hoher Bedeutung. Diese ist in Berlin durch angemessene Preise gegeben.

Abschließend kann man feststellen, dass Berlin für jede Altersgruppe und für Menschen unterschiedlicher Herkunft als Reiseziel geeignet ist. Überdenkt man noch einmal alle Ergebnisse, so fällt außerdem auf, dass Berlin annährend jeden Wunsch erfüllen kann und somit eine Reise wert ist. Man kann schlussendlich nachvollziehen, was diese Stadt einmalig, attraktiv und sehenswert macht und warum so viele Menschen nach Berlin fahren.

Um einen abschließenden Überblick zu bekommen, stellt das nachfolgende Diagramm die Reisemotive unabhängig von Alter und Herkunft der Touristen dar. Es fällt auf, dass der Bereich Kultur als Hauptreisemotiv fungiert.

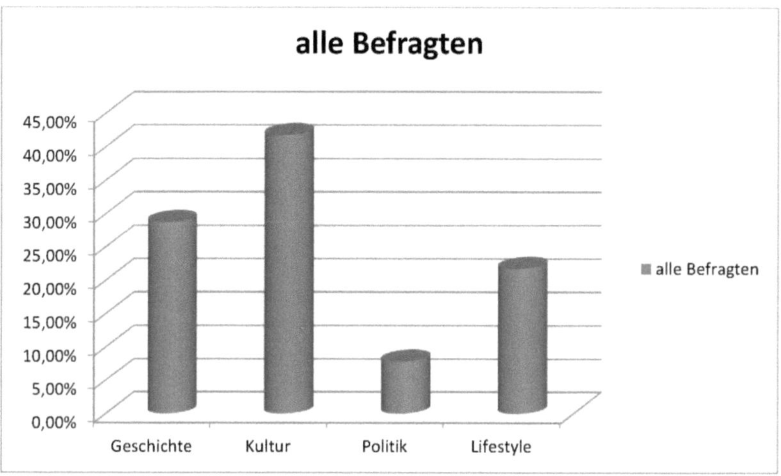

Abb. 9: Das Diagramm fasst, unabhängig von Alter und Herkunft, die Motive der Berlinreisenden (Befragten) zusammen.

Quelle: eigene Darstellung vom Autor anhand der Ergebnisse der Berlin- Umfrage.

8. Berlin hat Zukunft

Wie in der Einleitung gezeigt, steigt die Zahl der Übernachtungen seit 1998 durchgehend an. Aufgrund der gezeigten touristischen Entwicklungen und Faktoren wird diese Zahl auch in Zukunft nicht stagnieren, sondern weiter wachsen.

Durch den Ausbau von Verkehrsanbindungen, speziell Flughäfen, könnte Berlin noch flexibler werden und somit noch mehr internationale Touristen anlocken. In Deutschland wird das Interesse an der Stadt ebenfalls gleichbleiben. Die Geschichte und Entwicklung von ganz Deutschland wird in der Entwicklung einer Stadt dargestellt und daher auch von zukünftigen Generationen weiter verfolgt werden.

Gute öffentliche Verkehrsmittel und ein stetiger Ausbau der Infrastruktur Berlins sorgen dabei für die nötige Mobilität, sodass Berlin in Zukunft ein attraktives Reiseziel bleiben wird und von vielen Menschen der Welt bereist werden kann.

9. Anhang

9.1 Berlin – Umfrage: Fragebogen

Woher kommen Sie?

Wie alt sind Sie?

- a) unter 25
- b) über 25
- c) über 50

Warum unternehmen Sie eine Reise nach Berlin? Was interessiert Sie dabei besonders?

- a) Kultur   geschäftliche
- b) Geschichte   Urlaub
- c) Politik   Familie
- d) Lifestyle

Was macht Ihrer Meinung nach Berlin so attraktiv?

Was sehen Sie als Highlight der Stadt an?

Wie lange bleiben Sie in Berlin?

- a) 1 Tag
- b) 2 – 3 Tage
- c) 1 Woche
- d) länger als 1 Woche

9.2 Literaturverzeichnis

BOTHE, Franziska. 2010: Besonderheiten und Entwicklung des Städtetourismus am Fallbeispiel Berlin. München: GRIN Verlag GmbH.

RICHTER, Jana. 2012: Die Wechselwirkungen zwischen Tourismus und urbanem Raum. Funktionsprinzipien am Beispiel der räumlichen Entwicklung und der gegenwärtigen Ausprägung der Touristenmetropole Berlin. Stuttgart.

MENGE, Johannes. 1987: Berlin – Tourismus. Soziale Struktur der Reisenden, Art und Inhalt der Reisenden. Berlin.

Senatsverwaltung für Wirtschaft und Technologie (Hg.). 2000: Tourismus im 21. Jahrhundert - Chancen für Berlin-Brandenburg. Berlin.

o. V. von (2014): Berlins Top 200 – Die größten Berliner Arbeitgeber. Online: http://www.businesslocationcenter.de/de/willkommen-in-berlin/arbeiten-in-berlin/top-200-berliner-arbeitgeber, (01.09.2015).

Forum Eventmanagement GmbH (Hg.) von (o. J.): Sony Center am Potsdamer Platz. Online: http://www.sonycenter.de/, (30.10.2015).

Wikimedia Foundation Inc (Hg.) von (2015): Attraktivität. Online: https://de.wikipedia.org/wiki/Attraktivit%C3%, (01.11.2015).

Berlin Online Stadtportal GmbH & Co. KG (Hg.) von (o. J.): Sportevents in Berlin. Online: https://www.berlin.de/special/sport-und-fitness/events/, (30.11.2015).

Wikimedia Foundation Inc (Hg.) von (2015): Tourismus. Online: https://de.wikipedia.org/wiki/Tourismus, (14.05.2015).

9.3 Abbildungsverzeichnis

Abbildung 1:

Senatsverwaltung für Wirtschaft und Technologie (Hg.). 2000: Tourismus im 21. Jahrhundert - Chancen für Berlin-Brandenburg. Berlin, S. 12.

Abbildung 2:

ARDILES-ARCE, Jaime von (o. J.): File:Berlin-Sony Center-1.jpg. Online: https://www.bing.com/images/search?q=sony+cetner+potsadmer+platz&view=detailv2 &&id=5AA03EF6874FA3B9BD6044D898AF757175ABBE16&selectedIndex=7&ccid =V57EZFYj&simid=607988888218240752&thid=OIP.M579ec4645623c2b4cfa1a4b58 e56535fo0&ajaxhist=0, (22.05.2014).

Abbildung 3:

WAGNER, Tom. 2015: Tourismusmagnet Berlin. Was suchen all die Leute in der Stadt. Weisendorf, S. 10.

Abbildung 4:

WAGNER, Tom. 2015: Tourismusmagnet Berlin. Was suchen all die Leute in der Stadt. Weisendorf, S. 12.

Abbildung 5:

WAGNER, Tom. 2015: Tourismusmagnet Berlin. Was suchen all die Leute in der Stadt. Weisendorf, S. 13.

Abbildung 6:

WAGNER, Tom. 2015: Tourismusmagnet Berlin. Was suchen all die Leute in der Stadt. Weisendorf, S. 15.

Abbildung 7:

WAGNER, Tom. 2015: Tourismusmagnet Berlin. Was suchen all die Leute in der Stadt. Weisendorf, S. 16.

Abbildung 8:

WAGNER, Tom. 2015: Tourismusmagnet Berlin. Was suchen all die Leute in der Stadt. Weisendorf, S. 17.

Abbildung 9:

WAGNER, Tom. 2015: Tourismusmagnet Berlin. Was suchen all die Leute in der Stadt. Weisendorf, S. 19.